一脚踏进·美食世界

美国世界图书出版公司 / 著　柳玉 / 译

WORLD BOOK

小猛犸童书

U0183771

巧克力

电子工业出版社
Publishing House of Electronics Industry
北京·BEIJING

目 录

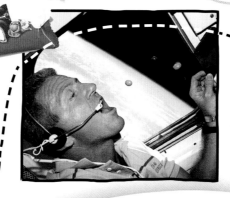

写在前面

　　这本书里有一些可以让你"一口吃遍世界"的美味菜谱。开始阅读之前，请先翻到第47页看一下温馨提示。仔细阅读书中的菜谱，在使用刀具或燃气灶时，记得一定要找成年人来帮忙。另外，团队协作会使做饭这件事变得更简单也更有趣。快来试试吧！

想不想来一场食物大冒险？就让我来做导游吧，带你踏上这段环游世界的美味旅程，让你对我有一个全方位的了解……

我就是

巧克力！

在我们环游世界的旅程中，你或许会遇到一些新的词汇。如果用简单的语言就能解释清楚，我会在你读到这个词语的地方直接加以解释；如果这个词语我用了很多次，或者解释起来比较麻烦，我会把它**加粗并变色**（看起来像这样的字体）显示。加粗显示的词汇会在本书末尾的词汇表中给出详细释义。

什么是
巧克力？

巧克力是一种由可可豆制成的食品。可可豆是可可树上结的果荚内的种子或豆子，可可树多土生土长于中美洲和南美洲等热带地区。另外，可可树也生长于加勒比海、东南亚和西非。

你知道吗？ 一棵可可树需要5年才能结出果荚。

可可豆必须经过以下几个阶段才能形成巧克力。首先将果荚打开，将包裹着白色甜果肉的豆子剥出来，然后把豆子放入盒子里发酵几天。发酵过程中，果肉会变成液体并排出。

接下来，将豆子在阳光下晒干并装在袋子里运输。制造商会烘烤豆子，去壳，然后将豆子磨成浓稠的糊状物。当糊状物干燥后，会变成固体。此时，可可味道鲜美，但非常苦。

救命！我要被烤化了！

好多好多豆子

制作1千克巧克力大约需要900颗可可豆。每个可可豆荚可容纳20～40颗可可豆。

你知道吗？ 去壳的可可豆叫作可可碎，可可碎将会变成巧克力。

7

一切始于
拉丁美洲

一开始，人们不是吃巧克力，而是喝巧克力！这种饮料是由可可豆研磨成的可可粉与水混合而成的。

梅奥-钦奇佩人住在现在的厄瓜多尔地区，可能是公元前3500年左右最早种植可可的人。到了公元前1200年左右，古代奥尔梅克人在墨西哥南部种植可可，并在宗教仪式中饮用可可饮料。

中美洲和墨西哥的玛雅人和阿兹特克人也了解到了巧克力的美味。早在公元前600年，玛雅人就开始做与可可豆相关的交易。到公元1500年，阿兹特克人用蜂蜜使可可水变甜，并加入磨碎的辣椒粉和香草调味。

这是魔法！

玛雅人和阿兹特克人都认为可可豆具有神奇的力量，能够给饮用它的人带来智慧。他们还相信它有助于治疗某些疾病，并可作为解毒药剂。

有人知道我是什么时候出现的吗？

玛雅人相信巧克力是神的礼物，他们只有在宴会和特殊仪式（如出生、结婚和死亡等）上，才会喝巧克力。所有的玛雅人都可以喝到这种特殊的饮料。然而，阿兹特克人认为这种饮料太特别了，不是每个人都能喝的，只有有权有势的人才能饮用。

你知道吗？ 玛雅人喝热巧克力，而阿兹特克人喜欢喝冷巧克力。无论是热的还是冷的，它都是一种非常特殊的饮料，被装在高大的有装饰图案的容器中。

可可豆被当作货币

可可豆被认为有非常高的价值，以至于玛雅人在与阿兹特克人进行交易时将其作为货币使用，如玉米和其他食物、衣服、税收，甚至奴隶，都可以用可可豆来交易。

我比黄金还要贵重！

豆子的价格！

商品由可可豆定价，例如一个南瓜需要4颗豆子；一只兔子需要 8~10 颗豆子；一个奴隶将花费 100 颗豆子。拥有一袋可可豆，就像今天拥有一袋金币！

几乎每个玛雅人都可以享受可可，因为可可生长在中美洲炎热潮湿的热带雨林中，他们生活在非常合适可可生长的地方。另一方面，阿兹特克人无法在墨西哥中部干燥的气候中种植可可，因此阿兹特克人会与玛雅人交易可可豆。正是因为可可豆对阿兹特克人来说更难获得，所以它们对阿兹特克人来说有非常高的价值。

假冒的豆子

可可豆非常珍贵，以至于有些人试图制造假豆来代替它。他们会用黏土、蜡甚至泥来代替豆荚里珍贵的可可豆！

你知道吗？ 据说阿兹特克皇帝蒙特祖玛有一天喝了50杯巧克力饮料。他的高脚杯是由纯金制成的，但因为皇帝认为巧克力饮料比金杯更值钱，他干脆把酒杯扔了！

泡沫

对于玛雅人和阿兹特克人来说，巧克力饮料中最美味的部分是顶部的泡沫，泡沫使巧克力饮料的味道更加美味。阿兹特克人和玛雅人通过将巧克力液体从一个碗倒到另一个碗中的方式来制作泡沫，碗之间的距离越远，气泡就越多。玛雅人称巧克力饮料为"神的食物"。

只加牛奶！

为了制造泡沫，阿兹特克人用手掌来回搓动长柄木棍以搅动巧克力饮料，类似于今天使用的**搅拌棒**。

传统的墨西哥热巧克力呈泡沫状，添加有肉桂、辣椒粉和香草精等不同的香料。墨西哥巧克力具有非常独特和丰富的风味，通常以固体形式存在，形状像一个圆饼。

试试这个！ 墨西哥热巧克力

分量：4人份

配料

½杯水　　½茶匙香草精　　　　一捏辣椒粉
1片墨西哥巧克力　　　　　　1升全脂牛奶　　肉桂粉　　生奶油

步骤

1. 在一个中等大小的平底锅里把水烧开后，离火，立即加入巧克力，并搅拌至熔化。
2. 加入牛奶，把平底锅放回火上，转中火。当混合物变热时，离火。不断搅拌直到完全混合后，加入香草精和少许辣椒粉。搅拌均匀，并根据口味进行适当调整。如果你没有莫利尼洛搅拌器，可以用普通的打蛋器将巧克力打成泡沫状。
3. 倒入杯子中，在上面撒上生奶油和肉桂粉。

注意：

墨西哥巧克力可在百货商店中购买。如果找不到，可以用适量半甜巧克力片和肉桂粉代替。

莫利尼洛搅拌器

巧克力进军
西班牙

西班牙探险家埃尔南·科尔特斯在1521年征服墨西哥后，将可可豆和巧克力饮料的配方带到了西班牙。正是阿兹特克人将巧克力饮料介绍给了科尔特斯，但是西班牙僧侣改变了配方，他们加入了糖或蜂蜜、肉桂和肉豆蔻，将苦味巧克力饮料变成了甜味的。他们没有放辣椒，而是趁热品尝饮料。甜味的添加以及温度的变化，使这种饮料在西班牙贵族中非常受欢迎。

由于可可豆很难买到，起初，西班牙贵族们只是为了能量和健康，在宗教仪式期间喝巧克力。西班牙人小心翼翼地保护着他们的巧克力饮料配方，对其他欧洲人保密了近一个世纪。

奇怪的豆子

人们相信克里斯托弗·哥伦布在墨西哥探险时，比科尔特斯更早发现了巧克力。但哥伦布抓着一把奇怪的棕色豆子，认为它们是杏仁而丢掉了。

有人提到糖吗？

苦味的水

英文巧克力（chocolate）一词可能来自chocolatl，这个词可能是西班牙征服者通过将玛雅词xocolatl（意为苦涩）与阿兹特克词atl（意为水）结合而创造出来的。

这是事实！

巧克力油条是西班牙人早餐的最爱。酥脆的油条上，撒上糖或肉桂，然后蘸上厚厚的热巧克力。

用玛雅语说出我的名字！

你知道吗？西班牙君主的贴身保镖因为吃了太多巧克力而获得了"洛斯巧克力罗斯"的绰号！

巧克力从西班牙进军

法国

据传说，巧克力于1615年抵达法国，当时西班牙国王的女儿安妮公主，带着巧克力作为结婚礼物送给了她的丈夫法国国王路易十三。由于当时巧克力被认为是非常昂贵的财物，所以它真的非常适合当作送给国王的礼物！

给女王的巧克力

在凡尔赛宫，巧克力也是一种很受欢迎的饮品。奥地利公主玛丽·安托瓦内特于1770年与法国国王路易十六结婚时，带来了她的私人巧克力制造商。该制造商被授予"女王的巧克力制造商"称号，并专门为她制作了特殊的巧克力食谱。女王每天的生活都从一杯热气腾腾的热巧克力开始。

巧克力泡芙是法国版的泡芙，大多数法国餐厅的菜单上都列出了这道美味佳肴。用一种特殊的面团制成糕点球，然后烘烤至膨胀，再将球内装满冰激凌，并淋上热巧克力酱。太好吃啦！

巧克力在
英国

当巧克力在1650年到达英国时，它是贵族和上流社会的饮品。但是，如果你负担得起，那么无论你的社会阶层如何，都可以饮用。因此，巧克力屋如雨后春笋般涌现，成为英国时尚的聚会场所，里面的气氛常常是喧闹的。1657年，一位法国人在伦敦开设了第一家销售巧克力的公司。

巧克力屋

威廉三世国王在汉普顿宫建造了一间专门用于制作巧克力的房间。

你知道吗？ 巧克力在英国王室的心中有着特殊的地位，生日时会用特别的双层巧克力蛋糕来庆祝。家庭生日蛋糕的配方可以追溯到维多利亚女王时期，她在1837年到1901年统治英国，其间会为每位皇室成员的生日提供巧克力蛋糕，包括伊丽莎白二世女王。

生日快乐！

一份甜蜜的工作！

在17世纪，有一份工作是专为皇室准备巧克力。想象一下，将巧克力制作成美味佳肴哦！今天，用巧克力制作美食和装饰甜点的人被称为**巧克力大师**。千万不要将他与巧克力制造商混淆，巧克力制造商的工作是加工和制造巧克力。

巧克力大师利用科学和艺术，将令人垂涎的巧克力变成引人注目的形状，他们可以在餐厅、酒店、大型巧克力公司工作，也可以开设自己的店铺。

你知道吗？ 巧克力是一种晶体，调温（加热和冷却）可以改善巧克力的质地和外观。调温巧克力有光泽且坚硬，熔化后变得丝滑。如果不调温，巧克力会显得平淡无光。

为巧克力庆祝！

难怪法国巴黎是最初的巧克力沙龙举办地！一年一度的庆祝节日在巴黎举办，来自世界各地的巧克力大师和巧克力爱好者齐聚一堂来品尝巧克力。为期5天的节日是世界上最大的巧克力活动。另外，巧克力雕塑也是游客们必看的部分！

我爱吃甜食！

从高耸的巧克力雕塑到一口大小的小块造型，巧克力创造者们需要丰富的知识、技能和创造力。

巧克力到达

美国

巧克力于1641年首次抵达作为殖民地的美国，一艘西班牙船将一箱箱巧克力运到佛罗里达州的圣奥古斯丁。

你知道吗？ 在美国独立战争期间，乔治·华盛顿将军将巧克力作为食物津贴的一部分发放给他的部队。有时士兵们甚至得到的是巧克力而不是钱。

辅助身体康复的措施

美国的一些医生使用巧克力作为治疗的一部分，以帮助患者对抗天花。天花是历史上最可怕的疾病之一，巧克力中的营养成分可以为正在康复的患者提供额外的能量，帮助他们恢复体重并增强体力。

在18世纪后期，对巧克力的需求增长如此之快，以至于美国进口了320多吨可可豆。

1765年，美国人詹姆斯·贝克和爱尔兰巧克力制造商约翰·哈南，在马萨诸塞州多切斯特建立了北美第一家巧克力工厂。后来他们制作出了著名的贝克巧克力，是一种用于烘焙的无糖黑巧克力。

在19世纪中期，新发明使人们第一次可以吃巧克力，而不仅仅是喝巧克力了。如今，好时、雀巢和玛氏等美国公司每年在全球销售数亿千克的巧克力。而雀巢巧克力意外创造了流行于美国的经典巧克力饼干。

1930年，马萨诸塞州的一位旅馆老板露丝·韦克菲尔德，偶然发明了一种经典之作。她在饼干面团中加入了切碎的雀巢巧克力棒，希望巧克力在烘烤时熔化并扩散到面团中。当巧克力没有熔化时，一种新的饼干配方便被发明了！后来，她授权雀巢永远可使用其配方生产巧克力饼干。

巧克力曲奇饼干

分量：60块

配料

2¼杯通用面粉
1茶匙盐
1 杯（230克）黄油
¾ 杯（150克）红糖
¾杯（150克）白糖
2个鸡蛋，打散
1茶匙小苏打
1茶匙热水
1茶匙香草
3 杯（500克）半甜巧克力片

步骤

1. 将面粉和盐混合，放在一边备用。
2. 将黄油熔化并与糖混合，加入鸡蛋，搅拌至完全混合。
3. 将小苏打溶解在热水中，加入面粉混合物和黄油、鸡蛋混合物。
4. 加入香草并搅拌至均匀。拌入巧克力片，盖上盖子冷藏36~48小时。
5. 将烤箱预热至190℃。取出冷藏的面团，用手揉成一个个球，放在铺有烘焙纸的烤盘上，然后将球压平。烘烤7~9分钟或变成金黄色。在烤盘上将饼干冷却2分钟，然后转移到金属架上完全冷却。

做巧克力曲奇饼干离不开我！

据统计

人们每年要吃掉超过70亿块巧克力曲奇饼干。
世界上最大的巧克力曲奇超过18 000多千克！

巧克力的种类

并非所有的巧克力都是一样的，不同巧克力的用途各不相同。有些巧克力只适合烹饪和烘焙，有些巧克力既适合食用也适合烹饪。当可可豆被压碎时，产生的浓稠糊状物被称为可可液。该糊状物包含可可固体和可可脂，是最纯粹的巧克力的形态。人们为了制作不同种类的巧克力，可以选择在巧克力中添加糖、牛奶或更多的可可脂等。

无糖巧克力

顾名思义，这种巧克力没有添加糖。它基本上是纯巧克力，非常苦，最好用于烘焙和烹饪蛋糕和软糖等食物。

生可可粉还是熟可可粉？

生可可粉是巧克力最纯粹的形式，相反，熟可可粉则是经过高温处理过的可可粉。

可可粉

可可粉是磨碎的不加糖的巧克力，而且去除了大部分可可脂，常常还需要进一步加工，多被用于制作糖果、甜点、冰激凌和其他食品。加入一些糖和热牛奶，你就拥有了一杯口感非常丰富的热巧克力饮料啦！

牛奶巧克力

　　牛奶巧克力是所有巧克力产品中最甜，也是最受欢迎的，因为添加了牛奶，所以它具有柔软的奶油质地，入口即化。添加的糖使其成为理想的食用巧克力。它还可以用于烘焙，甚至可以使煎饼和松饼变甜。

黑巧克力

　　这种巧克力的味道更多的是来自巧克力而不是糖。有些人认为它太苦了不能吃，而有些人则很喜欢吃它，因为它含糖量低，巧克力味浓郁。它也被称为苦甜巧克力或半甜巧克力，多用于制作饼干和蛋糕。

白巧克力

　　白巧克力的主要成分是甜可可脂，不含任何可可固体，仅仅被赋予了巧克力风味和颜色。因为它缺少可可固体，所以有些人认为它并不是真正的巧克力。

我是哪一种类型的巧克力呢？

巧克力进入
意大利

巧克力在17世纪初期作为饮料传入意大利，意大利人尝试了不同的方法来制作巧克力饮料。事实上，他们是第一个将巧克力与咖啡混合的人。在都灵，人们开发了一种名为**比切林**的饮料，将其装在透明玻璃杯中，趁热饮用。因此，通过杯子人们可以看到杯中多层的热巧克力、**浓缩咖啡**、牛奶和奶油。意大利热巧克力更厚，更像是布丁。

你知道吗？ 人们因为巧克力供应短缺而发明了巧克力酱。由于二战期间可可供不应求，来自意大利皮埃蒙特的糕点制造商彼得罗·费列罗，在甜巧克力中添加磨碎的榛子，以增加巧克力产品的供应量。

感谢你的帮助，榛子！

时光倒流

在西西里岛的莫迪卡小镇，巧克力的制作似乎落后了一步，该镇上的居民仍然以古老的阿兹特克人手工制作的方式来制作其最著名的食物。他们用石头擀面杖在弯曲的石板上将可可豆压碎，莫迪卡独特的黑巧克力制作。

意大利人发明了巧克力甜点汤、巧克力蛋羹和巧克力**冰糕**等菜肴，而且他们还开始尝试将巧克力添加到汤、肉和意大利面等菜肴中。

试试这个！

名为汤团的精致小饺子在意大利很受欢迎，这个版本中会将巧克力与黄油和奶酪搭配在一起，创造出一种特殊的美味。要制作柔软的面疙瘩，注意不要使面团过硬，也不要煮过头。

巧克力面疙瘩

分量：4人份

配料

450毫升乳清干酪
盐
全脂牛奶
1¼ 杯普通面粉

2个鸡蛋
2汤匙可可粉
1¼杯新鲜磨碎的帕尔马干酪
3茶匙牛油

步骤

1. 在一个大碗中混合乳清干酪、鸡蛋、可可粉、帕尔马干酪和少许盐。然后分3等份加入面粉，每次加入后搅拌均匀。

2. 当所有材料混合后，将面团揉成一个球并分成4等份。如果面团有点黏，请在手上涂上面粉再来处理面团。

3. 在案板上撒上面粉，防止面团粘连。用手将一部分面团卷成直径为1~2厘米的长条。如果面团形状不均匀，请不要担心。

4. 将长条切成长约2厘米的面疙瘩。使用叉子的背面，将其中一块面疙瘩轻轻地滚到尖齿上，使用刚好足够的压力来形成浅脊。放在撒了面粉的平底锅上，在它们之间留出空间。重复这一步直到所有的面疙瘩都被卷起、切割和成型。

5. 将一大锅水煮沸，撒上少许盐。小心地将面疙瘩加入沸水中，煮2~3分钟，直到它们浮到水面。

6. 当水开始沸腾时，在一个大平底锅中用中低火熔化黄油。

7. 当面疙瘩浮到水面后，用漏勺捞出，放入盛有黄油的平底锅中。轻轻搅拌，直到它们都裹上黄油。

不只是为了甜点！

晚餐吃巧克力？是的，这就是意大利风格！巧克力这个词会立刻让人想起甜蜜的东西，但数百年来，巧克力在世界上的一些地方一直被用于制作开胃菜。我们可能很难想象，用美味的巧克力酱覆盖鸡肉或意大利面会是什么味道，但在意大利，此类食谱可追溯到1680年。用巧克力为食物调味已成为当地的一种普遍做法，且一直延续到今天。但是，当用于烹饪时，应少量添加巧克力，以避免巧克力味道过浓。它应该有助于将菜肴中的风味融合在一起，而不是成为主角。

许多国家使用巧克力来为各种菜肴调味。西班牙和南非在牛肉、野味或龙虾等肉类菜肴中添加巧克力；法国和墨西哥用巧克力来制作浓郁的酱汁，如法国的红酒酱和墨西哥的魔力酱。魔力酱在一些庆祝活动中很受欢迎，它可以与鸡肉一起食用，与辣酱玉米饼馅或牛肉搭配也很好。魔力酱是用辣椒和黑巧克力制成的，黑巧克力可以很好地减轻辣椒的辣度。

真不错！

巧克力含有大约300种不同的口味和400种不同的香味。研究表明，巧克力的气味可以让人镇静并促进神经放松。

美味佳肴！

巧克力炸鸡是美国人的创意。还有巧克力番茄酱、白巧克力土豆泥和巧克力调味薯条等。

我又甜又辣！

牛奶巧克力的发源地
瑞士

在19世纪的瑞士，巧克力从饮料和调味剂转变为光滑的奶油糖果，这种转变出自一些巧克力加工的先驱者们。

1819年，弗朗索瓦的路易斯·凯勒在沃韦附近的科西开设了一家小型巧克力加工厂。很快，沃韦镇就成为巧克力的生产中心。凯勒还彻底改变了巧克力的制作过程，他在加工过程中使用水力机器，使大规模快速生产巧克力成为可能。巧克力制作得越来越快，也越来越受欢迎。

1875年，凯勒的女婿丹尼尔·彼得发明了牛奶巧克力！他开始在巧克力中添加牛奶，以降低成本并使其味道更好。彼得和他的邻居亨利·雀巢研究创造了巧克力液体混合的炼乳，他们一起创造了牛奶巧克力！

你知道吗？瑞士人均消费的巧克力数量比世界上任何一个国家都要多。瑞士人平均每年吃掉大约 9千克巧克力。而中国人均巧克力消费量最少，每年仅不到0.2千克。

在中国我更安全！

棘手的组合

众所周知，油不溶于水。这就解释了为什么将牛奶（一种水基产品）与巧克力（一种油基产品）混合非常棘手，这是因为水会使巧克力结块。

熔点

你能猜出为什么巧克力在你嘴里这么容易熔化吗？这是因为巧克力在大约34℃的温度下就会熔化，那是低于人类正常体温的温度。

巧克力传统始于

比利时

比利时与巧克力的联系始于1635年，当时西班牙统治了这片土地。今天，比利时是最大的巧克力生产国和出口国之一，以其奶油、美味的巧克力而闻名于世，并与戈黛娃和纽豪斯等知名品牌均有合作。他们成功的一个关键是1884年的一项法律，要求所有标有"比利时巧克力"的产品至少含有35%的纯可可，而比利时巧克力制造商使用的是100%可可脂制作的巧克力，他们为此感到十分自豪。

最大的巧克力店！

布鲁塞尔机场销售的巧克力比世界上任何地方都多！该机场每年销售超过800吨比利时最好品牌的巧克力。它的供应商之一是比利时巧克力屋，这是世界上最大的巧克力销售商。

你知道吗？比利时举世闻名的果仁巧克力是瑞士移民发明的。1912年，让·诺伊豪斯二世第一个想出来制作带有柔软甜馅的空心巧克力的方法。这些令人上瘾的美味巧克力在世界范围内被称为巧克力糖。

布鲁塞尔华夫饼是比利时的传统街头美食，正确的食用方法非常简单，用手拿着吃！或者只是在它们上面淋上巧克力糖浆即可。

将"咬啊咬啊咬"放在邮件中

比利时曾发行限量版巧克力味的邮票！

亲爱的，快来把我邮寄出去吧！

一个新兴的可可帝国
非洲

西非的气候类似于中美洲，炎热多雨的热带气候为娇嫩的可可树提供了理想的生长条件。可可豆在19世纪初期由基督教传教士带到非洲。今天，西非是世界上主要的巧克力产地，科特迪瓦、加纳、尼日利亚和喀麦隆等非洲国家生产和出口了世界上70%以上的可可。科特迪瓦也被称为象牙海岸，是迄今为止最大的可可生产国，占世界供应量的33%以上。

你知道吗? 在西非，几乎所有的小型家庭农场中都种植可可，农场的平均面积约为2.8~4公顷，家人、朋友和邻居会一起帮助收割可可作物。所有的工作都是手工完成的!

焦急地等待!

我们所熟知和喜爱的浓郁的巧克力风味和香气来自发酵可可豆，有一种发酵方法是用香蕉叶将苦味的豆子包裹几天。

一个没有巧克力的世界？

一些科学家预测，未来巧克力可能会严重短缺！关键问题是我们吃的巧克力比我们生产的多，世界范围内的巧克力需求正在增加，但可可种植者的数量却在减少，无法满足需求。另外，每年由于疾病和全球气候问题，例如气温升高和干旱，也使种植者们损失了近30%的作物。

我遇到了大危机！

西非的可可种植者生产了世界上75%以上的可可。但是，在全球贸易中，农民从他们的辛勤劳动中收获甚微。大多数人生活贫困，依然为生存而劳作，有些人甚至从未品尝过巧克力！巧克力对于他们来说太贵了。事实上，整个非洲的巧克力消费量仅占世界供应量的3%左右。

随着机器时代的来临，巧克力的生产开始
初具规模

机器时代极大地改善了巧克力的味道和质地，同时还使大量生产巧克力变得更容易、更快捷、成本更低。这使得更多的人可以享用巧克力，而不仅仅是富人和名人。

荷兰化学家科恩拉德·范·霍滕于1829年发明了可可压榨机，通过从可可豆中挤出所有可可脂，将可可变成粉末，今天我们称这种粉末为可可粉或简称为可可。霍滕还创造了一种方法，来帮助可可更好地与水混合。同时他在可可中加入碱性盐以减少苦味。这个过程被称为"荷兰化"，它赋予了巧克力更深的颜色和温和的味道。由于霍滕的发明，巧克力具有了更好的口感和光滑的奶油质地。

霍滕的可可压榨机使巧克力制造商只需将不同数量的可可粉和可可脂混合在一起，就可以制作出各种口味的巧克力。可可压榨机为制作白巧克力、牛奶巧克力和热巧克力等美味佳肴，以及在烘焙中使用巧克力提供了便利。

你知道吗？ 光滑、浓郁、入口即化的巧克力是由巧克力精磨机制成的，它将巧克力酱研磨得十分细腻，以至于所有的巧克力"砂砾"都被去除了。该机器由瑞士巧克力制造商鲁道夫林特于1879年发明。

我已经没有颗粒了！

一段漫长的时间！

巧克力在其90%的历史时长中，都是以液体而非固体形式被消费的。

你知道吗？ 好时巧克力公司每天生产7 000万个巧克力之吻，如果将它们排成一排，足以达到480 000千米。好时公司由美国制造商米尔顿·S·赫尔希于1894年在宾夕法尼亚州的德里教堂创立。

巧克力棒

世界上的第一条巧克力棒是1847年由富莱父子巧克力公司在英国制造的，该公司将可可粉和糖制成糊状，并将其做成条状固体。这是第一种吃巧克力的流行形式。约翰吉百利进一步开发，并于1849年推出了他的巧克力棒著名品牌。

一些其他公司，如好时、雀巢、托布勒、吉百利和盖利安，也开始制作自己的巧克力棒产品。在20世纪初期，他们推出了200多种新产品，包括第一个包裹巧克力棒、松露巧克力、果仁糖和第一个巧克力复活节彩蛋。

世界纪录！

世界上最大的巧克力棒重达5 792.5千克！是由桑顿糖果公司制造的，创造了吉尼斯世界纪录。后来它被分解成小块出售，并以此来筹集善款。

哪一个是你的最爱？

士力架是世界上最畅销的巧克力棒。该公司每天生产超过1 500万支士力架，它是巧克力棒的三种主要类型之一：纯牛奶巧克力、纯黑巧克力和夹心巧克力。其中糖果馅包括坚果、焦糖、水果和牛轧糖。

巧克力不仅是
巧克力

随着巧克力的味道和质地变得更加精致，其使用的可能性也越来越多。今天，巧克力的味道几乎可以添加到任何东西中，它可以搅打成糖霜或烤成纸杯蛋糕，甚至可以硬化为椒盐脆饼的覆盖物。如果没有天鹅绒般柔滑的热软糖酱，冰激凌圣代会是什么？

你知道吗？ 棉花糖饼干巧克力，是由全麦饼干、烤棉花糖和巧克力棒制成的美味，据说是1925年由女童子军发明的！好时公司每年生产的巧克力棒足以生产超过7.4亿个棉花糖饼干巧克力。

错误的身份！

德国巧克力蛋糕并非来自德国，是由一位名叫山姆·德文的美国面包师发明的。

巧克力布朗尼是美国最受欢迎的烘焙食品之一，没有人确切地知道布朗尼蛋糕是如何开始的。曾有传说是，面包师忘记在巧克力蛋糕面糊中添加起泡剂了，当蛋糕从烤箱里被拿出来时，它没有膨胀而是平的。但无论如何，面包师还是端上了它，一个软糖蛋糕就此诞生了！

试试这个！

巧克力布朗尼

分量：16块

配料

½杯可可粉　　1茶匙香草精　　3个鸡蛋

1杯面粉　　　1¼杯糖　　　　½杯室温咖啡

½杯咸黄油，熔化

步骤

1. 将烤箱预热至175℃。在20×20厘米的烤盘上铺上锡纸，确保锡纸与烤盘侧面重叠。

2. 在碗中混合可可粉和面粉。

3. 在一个大碗中将熔化的黄油、咖啡、香草精和糖搅拌均匀。打入鸡蛋大约醒1分钟后，将面粉和可可粉的混合物慢慢倒入黄油混合物中，轻轻搅拌均匀。将面糊倒入烤盘中，将顶部抹平。

4. 在175℃下烘烤30~35分钟，或者直到插入中心的牙签变干净，以获得更像蛋糕的布朗尼蛋糕。对于软糖布朗尼来说，牙签上会粘着一点巧克力。从烤箱中取出蛋糕，让其冷却至室温。然后，将布朗尼从烤盘中取出，切成4排，每排再切4个。

自己挑选吧！

巧克力
节日

　　情人节、复活节、万圣节、圣诞节、光明节、印度的排灯节、墨西哥的亡灵节以及世界各地的许多其他节日，都会用巧克力来庆祝。

　　巧克力复活节彩蛋于19世纪初首次出现在法国和德国，随后是巧克力兔子。现在，这一传统已传遍全球。在澳大利亚，复活节被认为是最大的吃巧克力的节日。

别开玩笑！

　　在法国，愚人节时会分发鱼形巧克力，因为这一天是 "Poisson d' Avril"（4月1日），法语中，单词poisson即是鱼的意思。

纵观历史，巧克力常作为礼物赠送或供婚礼使用。直到今天，巧克力仍然被认为是情人节的完美礼物。这一传统始于1861年，当时英国巧克力公司吉百利将糖果包装在心形盒子中来出售。在日本和韩国，巧克力是女孩送给心仪男孩的礼物。

你知道吗？
万圣节的巧克力销量是情人节的两倍多。

多么美好的一天！

9月13日是国际巧克力日。

巧克力味！

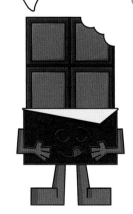

并不适合所有人

虽然收到和品尝巧克力很有趣，但永远不要把巧克力给宠物吃，因为巧克力会严重损害动物的健康！

在犹太光明节期间，人们会用金箔包裹的巧克力币来作为小点心赠送给朋友。

巧克力可以为人们的冒险之旅
提供能量

　　只需一小块巧克力，就足以让人们精力充沛，这就是为什么历史上的探险家在旅行时喜欢随身携带巧克力。美国人梅里韦瑟·刘易斯和威廉·克拉克，在穿越美国西北部时，通过喝巧克力来补充能量；挪威探险家罗阿尔德·阿蒙森的南极之旅也是如此。1932年，美国飞行员阿梅莉亚·埃尔哈特独自飞越大西洋时，也是依靠巧克力来补充体力的。不管是过去还是现在，巧克力一直是士兵军用口粮中的一部分。航天员也会吃巧克力，以保持他们在太空中的能量水平。

　　另外，巧克力中的营养成分有助于保持身体健康，这就是为什么一些运动员会在运动后喝巧克力牛奶。巧克力颜色越黑，营养成分越多。但是普通情况下你不需要很多，常见巧克力棒的一半多一点就足够了！

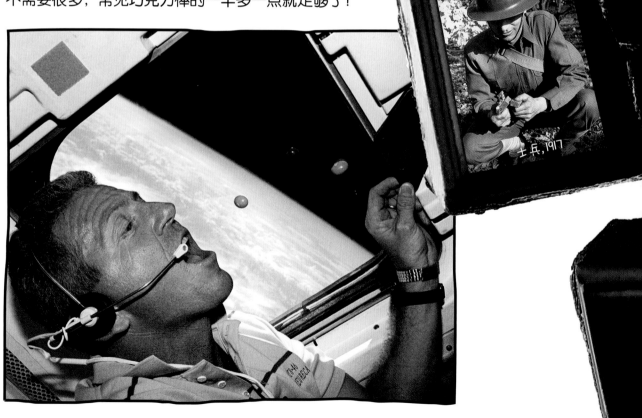

士兵，1917

在旅途中！

法国军政领袖拿破仑·波拿巴，会在军事行动中随身携带巧克力，以快速补充能量。

阿梅莉亚·埃尔哈特, 1932

刘易斯与克拉克, 1806

罗阿尔德 阿蒙森, 1910

可可的力量！

可以走很长的路！

一个巧克力片提供的能量，足够一个人走45.7米。

巧克力扮演

主角!

谁不想在巧克力河上泛舟呢！这样的冒险可以在书中读到，或在电影屏幕上观看。

1964年，罗尔德·达尔编写的儿童读物《查理和巧克力工厂》成为时代经典。这部奇幻小说讲述了一个名叫查理的穷小子，和其他四个孩子在参观神奇的威利旺卡巧克力工厂时，赢取了可以终生享用巧克力供应的故事！后来，达尔的书被改编成了两部电影和一部音乐作品。

> 灯光，摄像机，拍摄开始！

真实的旺卡

1971年，真实的威利旺卡糖果公司成立后，小说变成了现实。旺卡糖果公司根据达尔书中虚构的结构，开始制造和销售真正的旺卡棒。另外，旺卡酒吧至今仍在营业。

你知道吗？1971年电影《查理和巧克力工厂》中的巧克力河是真的！它由568立方米的水与真正的巧克力和奶油混合而成。

你知道吗？
在电影《哈利·波特与阿兹卡班的囚徒》中，抵御摄魂怪袭击的一种补救措施就是吃巧克力！

甜蜜的魔法！

随着"哈利·波特"系列书籍和电影的成功，巧克力蛙糖变成了现实。

世界巧克力梦公园是世界第一座以巧克力为主题的公园，在里面巧克力是绝对的主角。该公园曾在北京开园，其中有巨大的巧克力喷泉、栩栩如生的中国长城、故宫和著名兵马俑的巧克力微缩模型。

谢谢你的陪伴！

45

趣味问答

刚刚跟随巧克力完成环球旅行之后，你还记得多少知识内容呢？来回答下面这些有趣的问题吧，答案是前面出现过的国家或地区的名称。

1. 牛奶巧克力的发源地在哪里？

2. 如今大部分的巧克力产自哪里？

3. 巧克力曲奇饼干是在哪里被发明的？

4. 哪里的巧克力制造商以使用100%的可可脂制作巧克力而感到自豪？

5. 在哪里巧克力被当作新婚礼物送给了国王？

6. 哪里可能是最早种植可可的地区？

7. 1650年后，时尚的巧克力屋在哪里如雨后春笋般涌现？

8. 哪里的人们最开始把巧克力和咖啡融合在一起饮用？

9. 巧克力饮料的配方在哪里被保密了近一个世纪？

答案：

1. 瑞士　　　2. 非洲　　　3. 美国
4. 比利时　　5. 法国　　　6. 拉丁美洲
7. 英国　　　8. 意大利　　9. 西班牙

词汇表

比切林： 来自意大利都灵的一种著名的热巧克力和咖啡饮料。

冰糕： 一种由水果或果汁制成的甜点，具有光滑的奶油质地。

发酵： 由细菌、真菌和酵母等微生物进行的一种生物过程，用于分解物质。

贵族： 地位高的人，通常拥有巨大的财富和权力。

搅拌棒： 一种特殊的木制搅拌器，在手掌之间来回搓动，使热饮中产生泡沫。

可可豆： 可可树的果实。

可可粉： 由烘焙和研磨可可豆制成的一种棕色粉末，用于制作巧克力。

可可碎： 将可可豆去壳后，即成为可可碎。

浓缩咖啡： 一种非常浓的黑咖啡，由烘焙的黑色咖啡豆制成，通常在特殊机器中，在蒸汽压力下冲泡。

巧克力大师： 用巧克力制作美食和装饰甜点的人。

巧克力泡芙： 一种小而轻的糕点，夹心有冰激凌、鲜奶油、水果或鱼等。

巧克力精磨机： 将巧克力加工得质地更加细腻的机器。

土生土长： 原产于某个地区。

感谢你的一路陪伴！

本书中文简体版专有出版权由WORLD BOOK, INC.授予电子工业出版社，未经许可，不得以任何方式复制或抄袭本书的任何部分。

版权贸易合同登记号　图字：01-2022-6725

图书在版编目（CIP）数据

一脚踏进美食世界. 巧克力 / 美国世界图书出版公司著；柳玉译. -- 北京：电子工业出版社，2023.6
ISBN 978-7-121-45274-1

Ⅰ . ①一… Ⅱ . ①美… ②柳… Ⅲ . ①巧克力糖 – 少儿读物 Ⅳ . ①TS2-49

中国国家版本馆CIP数据核字(2023)第071431号

责任编辑：温　婷
印　　刷：天津图文方嘉印刷有限公司
装　　订：天津图文方嘉印刷有限公司
出版发行：电子工业出版社
　　　　　北京市海淀区万寿路 173 信箱　邮编：100036
开　　本：889×1194　1/16　印张：24　字数：202 千字
版　　次：2023 年 6 月第 1 版
印　　次：2023 年 6 月第 1 次印刷
定　　价：208.00 元（全 8 册）

　　凡所购买电子工业出版社图书有缺损问题，请向购买书店调换。若书店售缺，请与本社发行部联系，联系及邮购电话：(010) 88254888 或 88258888。
　　质量投诉请发邮件至 zlts@phei.com.cn，盗版侵权举报请发邮件至 dbqq@phei.com.cn。
　　本书咨询联系方式：(010) 88254161 转 1865，dongzy@phei.com.cn。